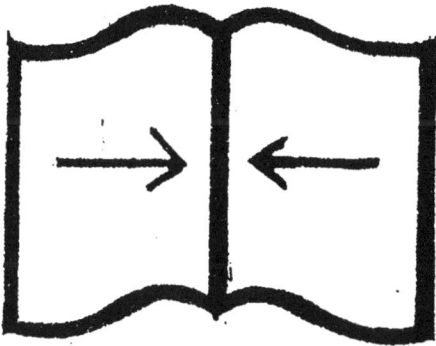

RELIURE SERREE
Absence de marges
intérieures

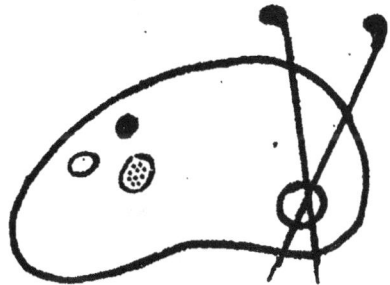

VALABLE POUR TOUT OU PARTIE DU
DOCUMENT REPRODUIT

Couvertures supérieure et inférieure
en couleur

AVIS

POUR LE TRANSPORT

PAR MER,

DES ARBRES,

DES PLANTES VIVACES,

DES SEMENCES, DES ANIMAUX,

ET DE

DIFFERENS AUTRES MORCEAUX

D'HISTOIRE NATURELLE.

M. DCC. LII.

par M.ᵣ du Hamel

On en a donné en 1753. une
2.ᵉ edition augmentée

S.
1364,6.

AVIS
POUR LE TRANSPORT
PAR MER,
DES ARBRES,
DES PLANTES VIVACES
ET DES SEMENCES,

CHAPITRE I.
Du Transport des Arbres & des Plantes vivaces.

SECTION PREMIERE.
Choix des Arbres, Temps & Façon de les arracher.

1. LES Arbres qui ont paffé deux ou trois ans en Pépiniere, réuffiffent beaucoup mieux que ceux qu'on arrache dans les Forêts; ainfi quand on fe propofe de faire paffer des Arbres d'un Pays à un autre éloigné, il feroit bon d'en plan-

ter de jeunes dans un jardin, & de ne les
envoyer que deux ou trois ans après : mais
quoique ceux des Forêts soient moins sûrs,
il est toujours bon d'en envoyer, en atten-
dant les autres.

2. Il faut choisir les Arbres venus de semence, plutôt que de rejeton : il faut qu'ils
aient deux ou trois, ou même quatre années,
& que le bois en soit assez formé pour pouvoir supporter le transport.

3. Les Arbres qui doivent devenir grands,
par exemple, les Noyers, doivent être choisis assez gros, comme depuis trois jusqu'à
six pouces de tour. Les Arbres fruitiers ordinaires, comme Poiriers, &c. depuis deux
jusqu'à quatre pouces, ceux qui doivent
rester petits peuvent être choisis beaucoup
moindres.

4. Ceux qui par la bonté de la terre ou par
la culture ont acquis en peu de tems une
grosseur considérable, sont toujours préférables, sur-tout s'ils ont la tige nette de branches & de nœuds.

5. Comme on n'est pas toujours le maître
de choisir les saisons, on doit sçavoir que
dans les climats semblables à celui de France
& d'Angleterre, on ne peut arracher & transporter la plupart des Arbres du pays, que
depuis la mi-Octobre jusqu'à la fin d'Avril,
mais cette derniere saison est fort hasar-

deufe.

6. Les Arbres qui ne quittent pas leurs feuilles, fur-tout ceux qui ont la féve réfineufe, réuffiffent mieux, en les levant dès le mois de Septembre & Octobre, ou en Avril, que dans l'hiver. S'il arrive qu'au mois d'Octobre il faffe chaud & fec, il faut les replanter tout de fuite, & les placer à l'ombre jufqu'au départ, ou aux premieres pluies.

7. En Canada & à la Nouvelle-Angleterre les Arbres deftinés pour être plantés en caiffes doivent y être mis l'Automne, ou pour le plus tard, le Printemps de devant leur envoi : on peut cependant les mettre en caiffe, & les faire partir auffi-tôt qu'ils font arrachés ; mais on doit s'attendre à en perdre une grande partie.

8. De quelque efpéce que foient les Arbres, il faut les arracher avec précaution, pour ne rien éclater.

9. Après qu'ils font arrachés, il faut vifiter les racines ; & fi elles ne font pas faines & jeunes, rebuter les Arbres quand on a de quoi choifir.

10. On affûre auffi qu'il faut ôter foigneufement la terre d'autour des racines, & arracher le chevelu.

11. On rogne enfuite les branches, & même les tiges, pour la facilité du tranfport, & on emballe les Arbres, ainfi qu'il

fera expliqué dans la Section feptiéme où
l'on traitera des Arbres communs.

12. Dans le cas où le tranfport eft facile
& peu couteux, c'eft très-bien fait de laiffer
beaucoup de branches jufqu'à ce qu'on
plante.

13. Quand on a des Arbres à tranfporter,
ou à garder quelque tems, & qu'ils ne font
pas actuellement emballés dans de la terre
ou dans de la mouffe, il faut bien fe garder
de les mettre à couvert dans une chambre,
& encore moins dans une cave, pour les
préferver de la gelée ou de la pluye ; une
ou deux nuits qu'on les auroit ainfi renfer-
més, feroient capables de les déffecher fans
retour.

14. Mais fi dans ces circonftances, ou
dans le tems que les Arbres font emballés,
il furvient une forte gelée, il faut les enterrer affez avant dans un Jardin, pour que
les racines au moins en foient garanties.

SECTION SECONDE.

Difpofitions pour l'envoi des Arbres ; & pre-
miérement des Arbres rares, & de ceux
qu'on ne peut tranfporter qu'en Eté.

15. COMME dans ce Mémoire on re-
commande fouvent l'ufage de la
Mouffe, il eft bon d'avertir que la plus longue & la plus verte eft la meilleure ; qu'on
doit l'arracher avec précaution fans la rompre ni la féparer, & ne la point faire fécher ;
elle dure ainfi plufieurs mois fans mourir,
& conferve par fa fraîcheur les Plantes &
les Semences qui lui font confiées.

16. Quand on envoie plufieurs Arbres
qu'on pourroit confondre enfemble, comme quand ils font de même genre & de différentes efpéces, ou qu'ils font peu connus
de ceux qui doivent les recevoir, il eft im-
portant d'y mettre des étiquettes ; les meil-
leures font en plomb laminé ou applati, fur
lequel avec des poinçons on imprime des
caractères ou des chiffres : le mieux eft de
mettre deux étiquettes, l'une attachée à
l'Arbre avec du fil de laiton & non de fer,
l'autre dans le fond de la caiffe. On fait

A iiij

aussi des étiquettes de parchemin ou de
carte.

17. Quand les Arbres en vaudront la peine, on fera faire des caisses de sapin, avec
les montans de chêne. Ces caisses auront un
pied en tout sens, de dedans en dedans des
planches, & seront faites comme les caisses
ordinaires d'Arbustes : les montans excéde-
ront en bas le fond des caisses au plus de
deux pouces pour servir de pieds, & seront
terminés en haut par de petites pommes
d'un pouce de haut.

18. Les fonds & les bas des côtés seront
percés de plusieurs trous, d'une tariere de
quatre lignes au moins de diamétre.

19. Il ne faut jamais, à moins d'une ex-
trême nécessité, se servir de bailles ou de
demi-barrils au lieu de caisses ; les cercles
glissent ou pourrissent, le fond tombe, la
terre se sépare, & tout ce qui est planté est
perdu ; le transport en est aussi beaucoup
plus difficile que celui des caisses.

20. Les mannequins ne valent rien non
plus pour le transport des Arbres, à moins
que le trajet ne fût très-court, & qu'on ne
les fît d'un bois qui ne fût pas sujet à la pourriture.

21. Des deux côtés de chaque caisse il y
aura *deux tacquets à gueule*, (c'est comme deux
anses) posés verticalement, dont les cloux

feront rivés en dedans. Il fera bon auffi d'y mettre des herfes ou boucles de corde, pour la facilité du tranfport.

22. La terre dont on les remplira doit être très bonne, mais fans fumier : on mettra d'abord de la terre jufqu'à plus de moitié de la caiffe, & on y arrangera les racines de l'Arbre, après qu'on les aura taillées proprement.

23. L'Arbre doit fe trouver planté un peu au-deffus de la caiffe; parce qu'entre le tems de la plantation & celui de l'embarquement, la terre s'affaiffera, & l'Arbre fe trouvera à peu près au niveau de la caiffe, plutôt au-deffous qu'au-deffus.

24. Si la traverfée doit être longue, il faut embarquer de la terre pour regarnir les caiffes à mefure qu'elles en manquent.

25. Quand l'Arbre fera planté, on écrira en peinture fur la caiffe le chiffre de l'étiquette, ou le nom de l'Arbre.

26. Il ne faut jamais mettre qu'un Arbre dans chaque caiffe.

27. Si on en met deux, il faut q 'ils foient de la même efpéce, & il faut fe réfoudre à en facrifier un quand on plantera.

28. Après que la caiffe fera marquée, on prendra la mefure de la hauteur de l'Arbre, pour faire une cage.

29. Cette cage fera compofée de huit

morceaux de cercles de barrique neufs , qu'on aura fait tremper dans l'eau quelques jours avant de les employer à cet ufage.

30. Ces cercles feront un peu émincés à chaque bout & percés à la vrille fans éclater, chacun de deux trous au moins , & cloués fur les caiffes de deux cloux à chaque bout.

31. Ils feront affujettis en haut enfemble par quatre amarrages ou ligatures.

32. Quand l'Arbre fera un peu haut, les cercles ou montans de la cage feront affujettis à leur milieu par un autre cercle fur lequel ils feront tous liés.

33. On pourroit abfolument fe contenter de quatre morceaux de cercle pour chaque cage , mais il eft plus fûr d'en mettre huit.

34. Les cages ne doivent point être faites à part pour être clouées enfuite fur les caiffes ; c'eft fur ces caiffes mêmes qu'il faut ajufter les cercles l'un après l'autre , afin que s'il s'en caffe ou s'il s'en éclate quelqu'un , on le remplace.

35. La cage ne doit jamais ni toucher à l'Arbre, ni y tenir par quoi que ce foit.

36. Quand les cages feront ajuftées, on fera faire des capuchons de groffe toile forte qui defcendront jufqu'à la moitié de la hauteur de la caiffe.

37. Ces capuchons feront amarrés ou attachés aux tacquets à gueules dont il a été parlé ci-deſſus, *art.* 21.

38. Chaque capuchon fera marqué du même numéro ou du même nom que la caiſſe.

39. Si la toile n'eſt pas très-forte, il faut y donner deux couches de peinture à l'huile.

SECTION TROISIEME.

*Gouvernement des Arbres avant de les em-
barquer.*

40. IL faut enterrer les caiſſes à demi dans un jardin, c'eſt pour épargner les arroſemens.

41. Si la faiſon eſt féche, on peut arroſer un peu les Arbres qui paroîtront en avoir beſoin.

42. Si la faiſon eſt fort pluvieuſe, il faut ôter les caiſſes de la terre.

43. Si c'eſt dans un pays où il gèle très-
fort, les caiſſes doivent être enterrées juſ-
qu'aux pommes, & couvertes de neige, ou de paille au défaut de neige.

44. Quand les Vaiſſeaux feront prêts à partir, il faut viſiter les Arbres, & rebuter ou remetrre à une autre année tous ceux qui n'ont pas l'air vigoureux.

45. On voit par là qu'il feroit avantageux d'avoir d'avance plus d'Arbres en caiffes qu'on n'en veut envoyer.

46. Quand les Arbres poufferont, foit avant, foit après l'embarquement, il faut de tems en tems rogner avec l'ongle ou avec le couteau, l'extrémité des branches, enforte qu'il n'en forte point hors de la cage.

47. Quand l'Arbre pouffe bien au haut de fa tige, il ne faut lui laiffer aucune branche en bas.

48. Avant l'embarquement il faut transfiler les cages, c'eft-à-dire, y faire une efpéce de rézeau avec de la lignole gaudronnée, ou du fil de quarré gaudronné, & cela fi ferré, qu'une fouris ne puiffe y paffer.

49. Si on ne prend cette précaution qu'à Bord, on court rifque de perdre les Arbres dès la première nuit par les rats; ces animaux n'attaquent point le fil gaudronné.

50. Si les Arbres étoient très-précieux, on pourroit leur faire faire une cage de fer, avec un treillage de fil de laiton.

51. En portant les Arbres au Vaiffeau, il faut prendre garde de ne pas mettre les caiffes fans-deffus-deffous, ni même fur le côté, & de ne rien mettre deffus, comme auffi de ne les point prendre par les cages, encore moins par les capuchons.

SECTION QUATRIEME,

Gouvernement des Arbres en mer.

52. ILs doivent être placés, autant que cela se pourra, en plein air, & sur le haut du Vaisseau, sur-tout en Eté & dans les beaux climats.

53. Dans les grands coups de vent, les grands froids, les chaleurs excessives, & même les pluies opiniâtres, il faut les retirer dans la chambre, ou au moins les couvrir de leur capuchon.

54. On doit faire ensorte qu'ils ne soient pas exposés à être cassés par les manœuvres.

55. Dans la belle saison, ou dans les climats chauds, toutes les fois qu'il fera beau & peu de vent, soit de jour, soit de nuit, on leur ôtera leur capuchon.

56. Dans les climats tempérés, on ne croit pas qu'il faille mettre le capuchon pour le soleil, à moins qu'on ne manquât d'eau pour arroser, auquel cas on mettroit le capuchon pendant le grand chaud seulement.

57. Il faut nécessairement les arroser de tems en tems ; & si l'eau est rare dans le

Vaiffeau, il faut tâcher de fe procurer de
l'eau de pluie : quoiqu'à caufe du gout de
gaudron elle ne foit bonne ni pour les hom-
mes ni pour les bêtes, elle eft bonne pour
les Plantes,

SECTION CINQUIEME.

Gouvernement des Arbres après leur arrivée.

58. SI la faifon n'eft pas propre pour planter, il faut enterrer les caiffes à demi
dans un jardin.

59. Si ce jardin eft bien fermé, il faut défaire les cages, remettre de la terre nouvelle, s'il en manque, rajufter & racourcir
les branches, ôter le bois mort & même les
branches mal placées.

60. Les Arbres ne doivent être placés ni
à l'ombre, ni fous d'autres arbres, ni près
des gouttiéres, ni dans un endroit maréca-
geux, à moins que ce ne foit des Arbres
aquatiques,

61. On les arrofera de tems en tems, s'il
eft befoin.

62. On ne croit pas qu'il faille, même
dans les pays les plus froids, attendre après
l'hyver pour mettre les Arbres dans la plaçe

où ils doivent reſter.

63. Au contraire, on penſe que ſi-tôt que les feuilles ſont tombées, il faut défaire les caiſſes bien adroitement, ſans rompre ni ébranler la motte, & ſans donner jour aux racines, & mettre chaque Arbre en place, de façon qu'il ſoit planté encore plus haut qu'il n'étoit dans la caiſſe.

64. En plantant il faut bien vérifier les marques, & les écrire ſur un Régiſtre pour retrouver les eſpèces par la ſuite.

65. Si la marque de la caiſſe eſt effacée, & ſi celle qui eſt attachée à l'Arbre eſt perdue, on a la reſſource de celle du fond de la caiſſe.

66. En plantant ainſi à demeure, il faut bien nettoyer l'Arbre de tout le bois mort & inutile.

67. Si ç'eſt en pays froid; quand les neiges commenceront, il faudra en ramaſſer autour, afin que dans ce premier hiver où il n'aura pas encore grande force, il ne reſte pas expoſé aux gelées.

68. Si les neiges commencent tard, on peut mettre autour de l'Arbre un demi pied de mouſſe, ou de paille, ou de feuilles ſéches; mais aucun fumier; & ſi-tôt que les neiges commenceront, il faudra ôter tout ce qu'on aura mis, & ne laiſſer que la neige.

SECTION SIXIEME.

Gouvernement des Arbres qui ont été fatigués par le transport.

69. SI les Arbres paroiſſent deſſéchés, ou avoir un commencement de pourriture, & s'ils ne doivent pas être mis ſi-tôt dans la place définitive qu'on leur deſtine ; ſi le Printems eſt proche, & qu'il y ait à craindre qu'en mettant les Arbres tout uniment en pleine terre, ils n'aient pas le tems de faire de nouvelles racines avant les chaleurs ; enfin ſi ce ſont des eſpèces rares qu'il ſoit principalement queſtion de conſerver, on aura recours aux précautions ſuivantes :

70. Il faut faire une tranchée, ou un grand foſſé qui s'étende du Levant au Couchant.

71. Cette tranchée doit être dans un lieu éloigné de grands Arbres & des hautes murailles, peu expoſé aux grands vents, & encore moins à l'humidité.

72. On donnera à cette tranchée une longueur & une largeur qui ſoient proportionnées à la quantité d'Arbres qu'on ſe propoſe d'enterrer, mais il faut qu'elle ait plus de trois pieds de profondeur.

73. Si les Arbres ont été transportés, étant simplement enveloppés dans de la mousse, on visitera leurs racines, on les rafraîchira avec la serpette, on retranchera jusqu'au vif celles qui sont pourries ou éclatées, enfin on taillera les branches, observant autant qu'il sera possible, de ménager quelques boutons, car plusieurs Arbres ont peine à en produire de nouveaux, & tous poussent plus aisément quand ils ont des boutons formés.

74. On plantera les Arbres dans des caisses ou des pots percés d'un grand nombre de trous, ou dans des mannequins, employant pour cela de bonne terre, ainsi qu'il a été dit ci-dessus.

75. On aura soin que les racines soient bien arrangées dans de la terre, & qu'elles en soient touchées dans toutes leurs parties: pour cela on la foulera bien avec la main.

76. On arrangera les mannequins, caisses ou pots dans la tranchée, & on la remplira avec du fumier de cheval dans lequel, si on en a la commodité, on mêlera un peu de fumier de pigeon, pour former une couche sourde qui conserve long-tems sa chaleur.

77. On aura attention que la littiere recouvre le haut des mannequins de l'épaisseur de quatre doigts, pour empêcher que la terre ne se batte par les arrosemens, &

B

qu'elle ne se fende ; mais dans cette littiere il ne doit y avoir ni fumier de pigeon, ni crotin de cheval dont la chaleur dessécheroit trop les Arbres.

78. Il semble superflu d'avertir que les Arbres qui ont été transportés en caisses, ne doivent point en être ôtés, & qu'il suffit d'enfouir les caisses dans le fumier, comme les mannequins dont on vient de parler ; mais il sera bon d'ôter un peu de la terre de dessus pour y en mettre de nouvelle.

79. Si on manquoit de fumier de cheval, on pouroit faire ces couches avec des feuilles séches mêlées d'un peu de fumier de pigeon ou de mouton, ou avec le tan qu'on aura tiré des fosses, ou avec le marc de raisin.

80. Aussi-tôt que les Arbres seront placés dans les couches, on enveloppera la tige & les branches avec de la mousse fraîche, qu'on retiendra avec de la ficelle sans la trop presser, pour ne point former d'obstacles au développement des bourgeons.

81. On finira les opérations par un arrosement très-ample.

82. On placera du côté du midi de forts paillassons attachés à de bons pieux, pour empêcher que le soleil ne donne à cette heure sur les Arbres qu'on se propose de faire reprendre.

83. Tout étant ainſi diſpoſé, on fera de petits, mais de fréquens arroſemens, & toujours en forme de pluie, pour humecter en même tems la terre qui recouvre les racines, & la mouſſe qui enveloppe les tiges.

84. Lorſqu'il pleuvra, ou que le Ciel ſera couvert, & pendant la nuit, on pourra abbatre les paillaſſons qui les couvriront du côté du midi : mais quand le ſoleil ſera vif, ou lorſqu'il ſera du vent hâleux, on multipliera les paillaſſons pour prévenir un deſ-ſéchement qui ſeroit funeſte.

85. Quand les Arbres pouſſeront, on ôtera peu à peu la mouſſe, pour que les jeunes branches puiſſent acquérir la force qui leur eſt néceſſaire pour réſiſter à l'hiver.

86. Lorſque les fraîcheurs ſe feront ſentir, on tranſportera les paillaſſons du coté du Nord , pour empêcher que les bourgeons qui ſont tendres ne ſoient endommagés par les gelées d'Automne.

87. Il ne faut pas compter qu'un Arbre eſt repris quand il a pouſſé quelques bourgeons, la ſéve contenue dans l'Arbre même pouvant ſuffire pour ces foibles productions qui périſſent bientôt, quand il ne s'eſt pas formé de nouvelles racines.

88. Il ne faut pas non plus déſeſpérer de la repriſe, quand les premiers bourgeons périſſent, car on en voit quelquefois paroî-

tre de nouveaux huit ou quinze jours après ;
& ces derniers font une marque prefque af-
fûrée que l'Arbre a produit des racines, &
qu'il eft fauvé.

89. Un Arbre qui de fa nature peut ré-
fifter à nos hivers les plus rudes, périt fouvent par des gelées médiocres, quand il eft
jeune, ou quand il n'eft pas bien pourvu de
racines; c'eft pourquoi il eft avantageux de
prêter quelque fecours aux Arbres qui viennent de loin, quand même le pays dont on
les a tirés feroit plus froid que celui où on
veut les élever.

90. On pourroit dans cette intention
tranfporter les caiffes ou les mannequins
dans des ferres; mais fouvent il fuffit de former aux deux côtés des Arbres, des efpèces
de cloifons avec de la littiere qu'on retient
par des pieux & des ofiers, & la feconde ou
troifiéme année on fera difpenfé de ce foin.

91. Tout ce qu'on vient de dire fe doit
pratiquer dans le pays froid ou tempéré ;
dans les pays chauds la couche fourde paroît
inutile ; car comme le deffèchement eft ce
qu'il y a le plus à craindre, on peut fe contenter d'enterrer les caiffes ou les mannequins , d'envelopper les tiges avec de la
mouffe ou quelque chofe d'équivalent , &
de garantir les Arbres du foleil.

SECTION SEPTIEME.

Pour les Arbres communs, & pour ceux qu'on
a la commodité de transporter dans le cours
de l'Hiver, & même pour les Arbres rares,
quand on en aura assez pour en envoyer de plu-
sieurs façons de chaque espèce, & quand on
ne pourra pas les envoyer en caisse.

92. L'ESSENTIEL est d'en mettre une bonne quantité de la grosseur indiquée ci-dessus, plutôt plus gros que plus petits.

93. En Europe, le tems de les arracher est depuis le commencement d'Octobre, jusqu'au mois d'Avril.

94. En Canada, on peut les arracher dès la fin de Septembre, & jusqu'au commencement de May.

95. Il faut les arracher avec grande précaution, & racourcir un peu les tiges, mais bien moins que si on vouloit les planter dans des caisses, comme les Arbres rares.

96. En faire des pacquets d'une ou de deux douzaines chacun, bien remplir tous les vuides avec de la mousse, & en entourer tout le pacquet.

97. On peut emballer ces pacquets avec de la toile, mais ils font encore mieux dans de longues caiſſes.

98. Il n'eſt point néceſſaire que les caiſſes ferment exactement, il ſuffit que les rats & les ſouris n'y puiſſent pas entrer.

99. Il ne faut mettre dans les caiſſes ou balots, que de la mouſſe, & en mettre quantité : point de foin, point de paille ; ces choſes venant à pourrir, endommagent les racines.

100. Cependant, quand le trajet eſt court, & qu'on n'a point de mouſſe, on peut employer de la paille bien féche, mais jamais ni foin, ni herbes pourriſſantes.

101. Les caiſſes ou balots d'Arbres ne doi-vent point être à fond de calle, ni ſur les côtés du Vaiſſeau, où l'eau ſalée les fait pé-rir.

102. Mais il faut les mettre, ſi on peut, en plein air ſur la Dunette ; & en cas de mauvais tems, on peut les retirer pour peu d'heures dans la Chambre.

103. Si la traverſée eſt longue, & le tems ſec, on peut les humecter de tems en tems avec de l'eau douce.

SECTION HUITIEME,

Du Transport des Boutures & des Plantes bul-
beuses & tuberculeuses, ou des Oignons, Pat-
tes & Racines.

104. LEs Plantes très-vivaces, & celles
qui viennent facilement de Boutu-
re, comme toutes les espèces de Vigne , &
plusieurs Plantes ligneuses grimpantes , con-
nues aux Isles de l'Amérique & à la Loui-
siane sous le nom générique de Lianes, &
presque toutes les espèces de Roseaux :
presque tous les Arbres qui ont beaucoup
de moëlle , presque tous les Bois moux , sur-
tout ceux qui sont aquatiques , peuvent se
mettre par pacquets peu serrés , ou sans être
empacquetés, dans des caisses fermées, ou
dans des barrils foncés aux deux bouts ,
qu'on ne mettra point à fond de calle , &
qui seront entiérement remplis de terre.

105. Si des Pays voisins du Tropique on
les envoie en Europe , il faut qu'elles y arrivent en Mars , Avril ou May,

106. Si d'Europe on les envoie dans les
Isles voisines du Tropique , elles peuvent
partir en Octobre , Novembre , Décembre ,

Janvier, Février & Mars.

107. La plupart des Boutures doivent avoir environ dix-huit pouces, & être de la grosseur indiquée ci-dessus, *art. 2. & 3. pag. 4.*

108. Elles reprennent mieux quand elles ont du vieux bois à l'un des bouts seulement.

109. Les Greffes s'envoient avec les mêmes précautions que les boutures.

110. Les Plantes qui ont des racines tuberculeuses, comme sont les Patates, les Ignames, les Pommes de terre, les Penacles, le Balisier, l'Amomum, le Zédoare, le Gingembre, le Marenta, Curcuma, Kæmpferia & autres, pourront être envoyées par leurs racines.

111. On prend pour cela des plus forts Tubercules, ou des racines des plus fortes & des plus fraîches : on les laisse pendant quelques jours ressuyer leur humidité, à couvert dans une maison, & non au soleil ; puis on les renferme dans une boîte ou dans un barril avec du sable très-sec.

112. Toutes les Plantes bulbeuses ou Oignons, soit solides ou composés d'écailles, doivent être arrachés & envoyés avec la même précaution.

113. Dans tous les cas d'emballage il faut ôter les feuilles, elles occasionneroient de la pourriture ; mais il faut les couper avec
des

des ciſeaux, & non pas les arracher.

114. Si on a la commodité de la mouſſe,
on fera bien de s'en ſervir, ainſi qu'il a été
indiqué ci-deſſus, *art. 96.*

SECTION NEUVIEME.

*Quelques obſervations particulieres aux Pays
chauds.*

115. LA principale attention eſt de pré-
ſerver du chaud les Plantes qu'on y
porte, & du froid celles qu'on en rapporte.

116. Les Orangers & Citroniers peuvent
ſe tranſporter beaucoup plus gros & plus
vieux que la plupart des autres genres dont
on connoit la culture.

117. Conſéquemment, c'eſt une folie d'ap-
porter de la Martinique ou de Saint Do-
minque, des Orangers d'un demi pouce de
diamétre, plantés dans des caiſſes; ce qui
reſtreint à un très-petit nombre dont on ne
peut eſpérer du fruit que long-tems après.

118. Le mieux eſt de choiſir dans les Jar-
dins plutôt que dans les Bois, de jeunes
Orangers amers, plutôt que des Citroniers
ou que des Orangers doux : ils doivent
avoir environ deux pouces de diamétre, &

C

quatre ou cinq pieds de tige , fans branches
ni plaies confidérables.

119. On rogne proprement les racines,
autour defquelles on conferve ou on ajoûte
gros comme la tête de terre forte, qu'on
emballe bien ferrée avec de groffe toile.

120. On ne parle point ici de mouffe, parce qu'on ne fe rappelle pas qu'il y en ait à S.
Domingue ou à la Martinique qui foit propre à de pareils emballages.

121. On met deux ou trois de ces Arbres
enfemble, en un fagot qu'on entoure de
toile gaudronnée à caufe des rats, & qu'on
fufpend en dedans ou en dehors du Vaiffeau,
de façon que les Arbres ne foient expofés
ni à être deffechés, ni à être mouillés d'eau
falée.

122. Des caiffes longues feroient préférables, mais on les trouveroit fouvent trop
coûteufes ou trop embarraffantes. Si on s'en
fert, on y pourra loger un grand nombre
d'Arbres ou Plantes de différentes gran-
deurs.

123. On croit que pour que les Orangers
réuffiffent, il faut qu'ils arrivent en France
depuis le mois d'Octobre, jufqu'au mois
d'Avril, & que cette derniere faifon eft préférable : on en a reçu jufqu'au quinze Juin,
qui ont mieux réuffi que ceux qui étoient
arrivés en Janvier & Février.

124. Dans la traversée on doit humecter
de tems en tems la motte avec de l'eau
douce.

125. Quand les Orangers sont repris, il
faut les enter. La plupart de ceux de l'A-
mérique n'ont en France que très-peu de
fleurs ; leurs Oranges n'y ont point de jus,
& ils sont très-long-tems sans fleurir.

CHAPITRE II.

DES SEMENCES.

126. COMME l'envoi des Arbres exige
bien des soins & quelques dépen-
ses, il vaut souvent mieux, & il est presque
toujours plus facile d'envoyer des Semences.

127. C'est une erreur dont il est bon que
tout le monde soit déiabusé, que de croire
qu'on ne peut transporter la plupart des
fruits qu'en Arbres, & qu'on ne peut les mul-
tiplier que par du Plan enraciné, des Mar-
cottes, des Boutures ou des Greffes. Quoique la méthode des Semences soit plus lente
& moins sûre, elle réussit très-souvent, & elle
a même quelques avantages sur les autres,
lesquelles la plûpart du tems ne sont pas
praticables.

C ij

SECTION PREMIERE.

Sur la Recolte des Semences.

128. ON ne fçauroit trop répéter de laiffer mûrir les Semences avant de
les recueillir.

129. Il y a des efpeces qui , quoique cueillies vertes , mûriffent affez bien dans leurs
enveloppes ; c'eft pourquoi on peut les
prendre telles ; quand on n'a pas le tems
d'attendre la maturité.

130. Quand les enveloppes naturelles des
Semences ne font point trop embarraffantes , il faut les y laiffer.

131. La meilleure maniére de juger que
les Semences font bonnes à recueillir, c'eft
quand les fruits fe détachent eux - mêmes
des Plantes.

132. Toute Graine qui a commencé à
germer ne doit jamais être ramaffée, à moins
que la facilité du tranfport ne fût telle
qu'on eût tout lieu d'efpérer que le germe
ne périroit pas.

133. On ne fçauroit trop recommander
à ceux qui envoient des Graines , d'en envoyer beaucoup, & de le faire par diverfes

occasions , & arrangées de différentes façons : elles ont tant de risques à courir, qu'a-
vec toutes les précautions possibles on n'en
sauve pas la plûpart du tems la centieme
partie.

SECTION SECONDE.

Idée des différentes sortes de Semences & de la
maniére de les recueillir.

134. PARMI les Semences dont la nature est d'être séches , il y en a un
grand nombre qui sont renfermées dans des
coques qu'on appelle autrement *Capsules.*
La plûpart de ces coques ou *capsules* s'ou-
vrent , & c'est souvent par-là que l'on en
connoît la parfaite maturité.

135. Il y a des *capsules* qui séchent très-
vîte , & qu'on court risque de trouver vuides , si on ne les a pas cueillies de bonne
heure.

136. Il y en a qui sont charnues à leur
baze , & qu'il faut laisser sécher dans une
chambre sur une table, & ne les point mettre dans les boêtes, sacs ou cornets , tant
qu'elles ont la moindre humidité.

137. D'autres enveloppes s'appellent *Si-*

C iij

liques & Légumes, ou plus communément &
plus généralement, *Gousses*. On connoîtra leur
maturité, quand elles deviendront un peu
jaunes, ou qu'elles voudront commencer à
s'ouvrir & à se dessécher. La plûpart veulent
être cueillies en cet état ; si on les attend
plus long-tems, on les trouvera vuides :
au reste on les traitera comme les *capsules*.

138. D'autres Semences sont renfermées une, ou plusieurs ensemble, dans une
espece de *Calyce*, comme celles des Ar-
tichauts & des Laitues ; d'autres sont
toutes nues, comme celle du Persil, du
Fenouil, &c. on en connoîtra la maturité,
quand elles commenceront à se détacher.
S'il s'en trouve qui se détachent difficile-
ment, il faut les faire sécher, & les gou-
verner au surplus comme les *capsules*.

139. Quant aux Semences des fruits à
noyau, comme celles des Cerises, des Pru-
nes, des Noix, &c. dont le noyau est en-
veloppé d'une chair succulente, qu'on
nomme aussi *Pulpe, Drupa & Brou* ; comme
aussi quant à celles qui sont renfermées plusieurs ensemble dans la *pulpe* ou chair des
fruits qui ont du suc, & qu'on nomme ordinairement *Bayes*, telles que sont les Rai-
sins, la Groseille, la Framboise, la Mure,
& on les arrangera de quatre façons différentes.

140. La première est de les cueillir le plus mûres que l'on peut, & de les laisser sécher toutes entieres avec leur chair ou *pulpe*, & quand elles seront séches, les envelopper de papier.

141. La seconde est de les tirer de leur *pulpe*, les faire sécher à l'ombre, & les envelopper ensuite.

142. La troisiéme est de les laisser dans leur chair ou *pulpe*, & de les mêler ou *stratifier* dans une caisse ou dans un barril bien fermé, avec du sable ou de la terre très-séche, & en assez grande quantité pour qu'elle en puisse boire l'humidité.

143. La quatriéme est de les séparer de leur *pulpe*, & de les mêler ou *stratifier* avec de la mousse fraîche; cette méthode sera bonne pour les Semences dures & longues à lever, ainsi que pour celles qui se desséchent & deviennent inutiles trop promptement.

144. Les fruits en Pomme, comme les Poires, Coings, &c. seront traités comme les fruits charnus à noyau & les *bayes*.

145. On avertit qu'on reconnoît la bonté pour semer de presque tous les noyaux & d'un grand nombre d'autres Semences, en les jettant dans l'eau : celles qui flottent se trouvent ordinairement vuides, & ne valent pas la peine d'être conservées ; c'est ce

qu'on peut vérifier en en caffant quelques-unes.

SECTION TROISIEME.

Du Transport des Semences.

146. IL y a beaucoup de Semences qu'on peut envoyer, fuivant l'ufage ordinaire, féchement dans des boêtes; mais on confeille outre cela d'en envoyer des deux façons indiquées ci-deffus : l'expérience vérifiera de plus en plus les méthodes qui font préférables pour chaque genre de Semence.

147. La premiere de ces méthodes eft de les mettre avec de la terre prefque féche & bien foulée, dans un barril ou dans une boête bien fermée. On a reçû du Canada de cette façon des Noix & des Graines de Bonduc qui font arrivées toutes germées, & qui ont très-bien réuffi.

148. La feconde maniere eft de les mêler ou *ftratifier* avec de la mouffe fraîche, & on croit cette façon préférable dans bien des circonftances.

149. On avertit qu'il ne faut point trop fouler la mouffe, cela la feroit mourir & pourrir avec les Semences qu'on lui auroit confiées.

150. Pour les Graines, ainfi qu'on l'a dit pour les Arbres, il faut des étiquettes. Quand on fe fert de cartes à jouer, il faut les plier, l'écriture en dedans : on en peut mettre plufieurs où il n'en faudroit qu'une, à caufe qu'elles peuvent s'effacer par l'humidité ou par quelqu'autre accident ; c'eſt pourquoi elles feroient mieux fur de petites placques de plomb, comme on a dit ci-deſſus, ou fur des ardoifes ; mais il faut que les caractères foient lifibles & gravés profondement.

151. Quand on eſt preffé, on peut mêler dans le même barril ou caiffe, avec de la terre ou de la mouffe, toutes fortes de Graines : on féme le tout pêle-mêle, quand elles font arrivées à leur deſtination ; & quand elles font levèes, on les diſtingue.

152. Mais ce mélange ne doit être qu'un pis aller, car 1°. il y a des Graines qui ne levent qu'un an ou plus, après les autres. 2°. Les unes veulent un terrein fec, & les autres un terrein humide. 3°. Il y a des Arbres, par exemple les Pins & Sapins, qu'il eſt mieux de femer dans la place où ils doivent reſter : les Chênes & les Châtaigners font prefque dans le même cas.

153. Soit que les Graines foient mêlées, ou non, il eſt à propos de ne les tirer de la terre ou de la mouffe, que dans le momen

qu'on veut femer : ainfi lorfque l'on veut
porter des Semences pour plufieurs en-
droits, il eft mieux d'avoir plufieurs caiſſes.

SECTION QUATRIEME.

Gouvernement des Semences après leur arrivée.

154. IL y a des Semences, par exemple les
Amandes à coque tendre, les Graines de Melon, &c. qui fe confervent bonnes
à femer plufieurs années ; mais la plûpart deviennent très promptément inutiles. Les
Glands & les Chataignes ont cette incom-
modité: ces Semences fe deſſéchent ou moi-
fiſſent, & beaucoup de Semences huileuſes
réuſſiſſent.

155. On croit qu'on pourroit conferver
beaucoup de genres de Semences un aſſez
grand nombre d'années, en les mettant
avec de la terre demi féche dans des pots
dans une cave très-profonde & très-féche;
mais on n'en eſt pas fûr, & ces fortes de ca-
ves font très-rares.

156. On croit auſſi qu'on pourroit réuſſir
à en conferver, & à en transporter quelques-
unes plus aifément qu'on n'a fait juſqu'à
préfent. Ce feroit en les verniſſant, ou plu-

tôt en les enveloppant de cire, ou plutôt encore de Gomme Arabique, ou de Sirop de Sucre froid & épais, ou de Miel.

157. On avertit cependant qu'on a employé une fois ce dernier expédient pour transporter des Greffes en hiver, & qu'elles ne réussirent pas.

158. Par tous pays, en quelque saison que les Graines arrivent, il faut les semer tout aussi-tôt.

159. Si quelque raison s'y oppose, il faut les *stratifier* dans une baille ou dans un pot avec de la terre, & les semer dans la saison pêle-mêle avec la même terre.

160. Les Semences ainsi *stratifiées* doivent être mises dans un caveau, & préservées soigneusement des rats ; ordinairement elles y germeront.

161. On retire trois avantages de cette façon de conserver les Semences. Le premier est de les préserver des mulots qui s'attaquent moins aux Semences germées, & qui, au pis aller, n'ont pas le tems de tout dévorer. Le second est de ne rien semer, si l'on veut, que de sûr. Le troisiéme est de pouvoir rogner le pivot des Plantes qui sont sujettes à trop picquer en terre, comme le Noyer, le Chêne, &c. opération que l'on juge très-utile.

162. En Normandie, pour élever de l'E-

pine blanche qui eſt ordinairement long-
tems à germer, on emplit de ſon fruit bien
mûr des terrines percées de pluſieurs trous,
tels cependant que les mulots n'y puiſſent
pas pénétrer : on les enterre à deux ou trois
pieds de profondeur, & on ne les ſéme que
dix-huit mois après; on en a fait ailleurs
l'expérience avec ſuccès.

163. Quand on fait ſes Semis., il faut ob-
ſerver que les groſſes Semences doivent être
miſes plus avant dans la terre , que celles
qui ſont déliées, & qu'il faut que celles-ci
trouvent la terre plus meuble que les groſſes
Semences.

164. En général on ne ſçauroit trop
recommander à ceux qui fément, de ne
pas trop enfoncer les Semences, ſur-tout
celles qui ſont très menues. Si on ne crai-
gnoit pas qu'elles fuſſent enlevées par
les oiſeaux, déracinées par les pluïes,
ou brûlées en naiſſant par le ſoleil & par
le vent, à peine faudroit-il les couvrir de
terre.

165. On conſeille pour quelques Semences très menues, d'appuyer un peu le deſſus
de la terre, de ſemer deſſus, de mettre un
papier brouillard par-deſſus, & d'arroſer ſur
le papier.

166. Comme les années, les terres & les
ſaiſons ne ſont pas toutes & toujours égale-

ment favorables , on conseille à ceux qui
auront une bonne quantité de quelques
Graines , d'en semer en différens tems & en
différentes situations , & même d'en garder
d'une année à l'autre.

167. Il est encore mieux d'en faire part
à un grand nombre de personnes.

168. Il paroît certain que les Semences
lévent mieux dans une terre légére que dans
une terre forte.

169. Si le sol où l'on se trouve est de terre
forte , on fera bien d'y mêler du vieux terreau de couche bien pourri , de la terre légére , ou même du sable , & de passer la
terre à la claie ou dans un crible de fil de fer.
Avec cette terre ainsi composée on remplira
les terrines, & on couvrira le dessus des
Planches & des Couches où l'on semera les
Graines.

170. Suivant les circonstances on semera
ou en pleine terre, ou sur des couches , ou
dans des pots semblables à ceux où on éléve
des Œillets , ou dans des terrines , ou de
toutes ces façons à la fois. On peut aussi enterrer les pots & terrines dans des
couches ou dans la terre , ou les laisser
à l'air.

171. Quand on séme nombre de Graines ensemble, les terrines sont préférables
aux pots.

172. S'il s'agit de Plantes qui doivent
être transplantées en motte, on peut se servir de mannequins, ou plutôt de pots percés de gros trous tout au tour & au fond.

173. On peut aussi semer en plein champ
sur des taupinieres, ou dans des friches, &
sur le bord des bois à l'ombre ; & il y a des
Semences qui ne réussissent que de cette maniére.

174. Toutes les fois qu'on aura de vieil-
les Graines à semer, on fera bien de le
faire tremper dans de l'eau quinze à ving
heures, ou plus long-tems, suivant que le
Graines seront plus ou moins dures,

175. On pourra couvrir les Graines nou-
vellement semées avec un doigt de terreau
de vieille couche, ou deux doigts de marc
de raisin, ou trois doigts de litiere, ou de
feuilles séches. C'est principalement pour
empêcher que la terre ne se batte par les arrosemens, qu'elle ne durcisse par la séche-
resse, & qu'elle ne se fende : on l'a quelque
fois couverte avec de la mousse, & les Grai
nes ont assez bien réussi.

176. Telle que soit cette espéce de cou-
verture, elle ne doit pas être épaise ni foulée ; & il faut prendre garde que les jeune
Plans ne blanchissent & ne pourrissent des-
sous, & qu'il ne s'y amasse des insectes nui-
sibles,

177. Les Graines qu'on fème immédiatement après qu'elles font parvenues à leur maturité, lévent ordinairement la premiere année ; mais celles qu'on a confervées longtems avant de les mettre en terre, font fouvent deux ou trois ans fans paroître.

178. Comme la plûpart des Semences qu'on envoie de loin font dans ce dernier cas , on ne doit culbuter les planches ni vuider les terrines, que quand la troifiéme année eft paffée.

179. La chaleur & l'humidité précipitent la germination des Semences ; c'eft pourquoi elles leveront beaucoup plus promptement quand on les femera fur couche, qu'en pleine terre, fur-tout fi on les arrofe fouvent & légérement.

180. Mais auffi la chaleur de la couche & les infectes qui s'y retirent, font beaucoup périr de jeunes Plantes.

181. Il fera bon de défendre les Semis du vent & de la grande ardeur du foleil, en les couvrant avec des paillaffons ; ils contribueront, ainfi que les arrofemens, à défendre les jeunes Plans d'une gangrenne qui fouvent les fait périr après être levées , & qui paroît être occafionnée par la preffion de la terre qui s'endurcit autour des jeunes tiges, & les meurtrit.

182. De quelque pays que foient venus

les Semences , quand même ce seroit d'un
climat beaucoup plus froid que celui où on
les séme , par exemple, de Canada en France,
on ne doit pas les abandonner à la rigueur
de l'hiver tant que les Plantes sont jeunes,
& on doit, au moins la premiere année, les
retirer dans les serres, ou les couvrir dans
les fortes gelées.

183. On remarque même qu'il y a beaucoup d'Arbustes de Canada qui gélent en
France, faute d'être, comme dans leur pays
natal, couverts de neige.

184. On assûre que la premiere tranfplantation des Plantes ligneuses, des Arbres , Plantes & Arbrisseaux résineux & glu-
tineux doit être faite depuis le mois d'Avril
jusqu'à la fin d'Octobre , dans le climat de
France, & que cette opération n'y réussit
point l'hiver : il est certain qu'elle réussit
très-difficilement en toute saison pour la
plûpart des Plantes de ces genres ; mais on
a reconnu par des expériences répétées que
ces Arbres réussissoient mieux étant tranf-
plantés le Printems que l'Automne.

SECTION

SECTION CINQUIEME.

Des Graines qu'on transporte des Pays chauds aux Pays froids, comme de Saint Domingue en France.

185. UN des premiers soins, & peut-être le plus difficile, est de les préserver des insectes.

186. On pense que le mieux seroit d'embarquer de la terre à part, & de garder les Semences bien séchement jusqu'à ce qu'on fût dans les climats tempérés ; alors on les mettroit dans de la terre, sans craindre de les faire germer trop promptement.

187. Comme on ne doit pas s'attendre de pouvoir élever en pleine terre aucune de ces Plantes, il les faut semer dans des terrines, & il suffit d'en élever une petite quantité à la fois.

188. Si l'on n'a pas de serres chaudes, en quelque saison que soient arrivées les Graines, on ne les semera que vers le mois de Mars, Avril ou May.

189. On les élévera, soit avec des cloches ou des chassis, soit en pleine couche, ou dans des terrines, ou dans des pots qui

D

y feront enterrés, & les Plantes y refteront jufqu'à ce qu'elles foient affez fortes pour être plantées dans des caiffes ou des pots féparés; ce qui arrive quelquefois dès la premiere année.

190. Cette tranfplantation fe fera avec toutes les précautions poffibles, pour ne point éventer les racines; & auffi-tôt après l'opération, on enterrera les caiffes ou les pots dans la même couche où étoient les Plantes, & on les y laiffera jufqu'à ce qu'elles aient acquis affez de force.

191. La premiere année les jeunes Plantes doivent être retirées de très-bonne heure dans les ferres chaudes ou dans les Orangeries, fans quoi les gelées d'Automne les feroient périr fans reffource.

SECTION SIXIEME.

Des Semences qu'on tranfporte de la Zone tempérée dans la Zone torride.

192. CEux qui voudront porter aux Ifles voifines du Tropique des Semences d'Arbres de notre Continent, comme de différentes efpéces d'Orangers & de Citrons, des Dattes, &c. pourront, à

ce que je crois, mettre, dès en partant &
dans toutes les faifons, une bonne partie
de leurs Semences dans de la terre ; la plûpart arriveront toutes germées, ce qui n'em-
pêchera pas la réuffite, pourvû qu'on les
féme fur le champ.

193. On ne peut guére les mettre qu'en
pleine terre, & la principale attention dans
le commencement eft de les préferver du
foléil, ce qu'on obtient en partie en leur
faifant une efpéce de toit de branchages ;
c'eft de cette façon, & à force d'arrofé-
mens, qu'on fe procure dans la Zone Torride la plûpart des Légumes d'Europe.

SECTION SEPTIEME,

AVERTISSEMENT,

Concernant les Plantes & les Graines,
lorfqu'elles font arrivées dans le Port.

194. *CEUX qui apporteront ou qui envoye-*
ront des Plantes ou des Semences,
doivent auffi être averti que leurs peines font
la plûpart du tems inutiles, faute des précautions
fuivantes.

195. *L'une des principales eft de les adreffer,*
ou de les remettre, en arrivant, à des perfonnes,

foigneufes, de les faire tenir promptement & sûre-
ment à leur deftination.

196. *La feconde eft d'en envoyer des liftes bien*
circonftanciées.

197. *La troifiéme eft de marquer, foit fur*
les liftes ou fur les étiquettes, l'efpéce du terrein
où vient chaque Plante; & fur-tout de bien diftin-
guer les Plantes qui croiffent en terre forte, en terre
fabloneufe, en marécageufe, d'avec celles des
montagnes.

🌸🌸🌸🌸🌸🌸🌸🌸🌸🌸🌸🌸🌸🌸🌸

CHAPITRE III.

DES ANIMAUX.

198. IL n'eft point queftion dans ce Cha-
pitre des Animaux curieux qu'on
pourroit envoyer en vie pour garnir les Mé-
nageries, ni des Animaux utiles qu'on en-
treprendroit de tranfporter, pour les mul-
tiplier dans d'autres pays, comme ont été
les Cocqs d'Inde; car chaque Animal exi-
geant des foins & une nourriture qui lui eft
particuliere, il eft impoffible d'établir aucune regle générale: on ne dira même rien
des œufs qu'on peut tranfporter avec beaucoup plus de facilité que les Animaux vi-
vans; nous nous contenterons d'indiquer à

ceux que l'amour du bien public pourra en-
gager à faire ces sortes de transports, les
Mémoires que M. de Réaumur a donné à ce
sujet dans les Recueils de l'Académie des
Sciences, & dans l'Ouvrage particulier où
il traite de la façon d'élever des Poulets
dans des fours. Ainsi il ne s'agit que des
Animaux morts qu'on transporte d'un pays
à un autre, pour enrichir les Cabinets des
Curieux, & contribuer à l'instruction des
Naturalistes.

SECTION PREMIERE.

Des gros Animaux quadrupédes, Poissons,
volatiles, reptiles.

199. ON doit se contenter de transporter la peau des gros Animaux;
pour cela il faut les écorcher proprement,
puis gratter avec un couteau la partie qui
touchoit aux chairs, pour ôter ce qui pourroit être resté de chairs, & le plus de graisse
& de sang qu'on pourra : ensuite se servant
de cervelle, n'importe de quel Animal, dé-
layée dans de l'eau tiéde, on frottera la partie intérieure de la peau, comme quand on
veut blanchir du linge. On emporte par cette opération beaucoup de graisse & de sang :
quelques-uns se servent de savon, au lieu de

tervelle; fur le champ on enduit cette peau,
feulement du côté des chairs, avec une pâte
abforbante compofée de craie & de chaux.

200. La pâte, dont on vient de parler,
étant deftinée à imbiber la graiffe & le fang
qui eft dans la peau, on fera bien de la re-
nouveller de tems en tems, & toutes les fois
on battra bien la peau pour détruire les ti-
gnes & les autres infectes qui pourroient
manger le poil.

201. Quand la graiffe fera imbibée par
les abforbans, & lorfque la pâte fortira féche, comme on l'a mis, on nétoiera bien la
peau, on fourera dedans un peu d'étoupes,
& on la mettra dans un four chaud; mais
comme il ne faut pas brûler le poil, on aura foin d'effayer, avec un paquet de poil ou
de plume, fi le four n'eft pas trop chaud.

202. La chaleur du four doit ôter l'humidité qui pourroit faire corrompre la peau,
& détruire les œufs de plufieurs infectes, qui
étant éclos, mangeroient la peau & le poil,
ou les écailles des reptiles au fortir du four.
Il faut empêcher qu'il ne s'y dépofe d'autres
œufs; c'eft pourquoi on fe preffera de mettre dans l'intérieur des peaux & fur le poil
des aromates en poudre ou des linges imbi-
bés de baumes très-pénétrans, tels que l'ef-
fence de thérébentine ou l'afphalte, parce
que ces matiéres chaffent plufieurs efpéces

d'insectes, & sur le champ on enveloppera
la peau dans une toile fort serrée.

203. Les Chirurgiens pourroient conserver les squelettes de ces animaux ; mais
quand on ne veut pas prendre ce soin, il
faut, autant qu'il est possible, conserver la
tête & les pieds dans leur entier, parce que
ces parties servent, suivant plusieurs Naturalistes, à ranger les Animaux dans la classe
qui leur convient.

204. Pour empêcher que la tête ne se cor-
rompe, il faut arracher la langue & le plus
de chair qu'il sera possible, vuider les yeux,
& emporter le cerveau, ou par le trou oc-
cipital qui communique à la moëlle de l'é-
pine, ou par un trou qu'on fera au crâne.

205. On fera bien de battre de tems en
tems les peaux, mais il faut sur le champ
les remettre dans leur toile.

206. Lors de l'embarquement il sera à
propos de mettre les peaux enveloppées,
chacune à part de sa toile dans une caisse
qui ferme exactement, pour la garatnir des
rats ; de plus on couvrira la caisse d'un emballage de toile goudronnée pour la mettre
à l'abri de l'humidité qui est toujours grande & dangereuse dans les Vaisseaux.

207. La vapeur du souffre brûlant est encore souveraine pour tuer les insectes & empêcher la fermentation.

SECTION DEUXIEME.

De la conservation des Animaux de moyenne grosseur.

208. A l'égard des petits Animaux qui n'excedent pas la grosseur d'un Pigeon, d'une Fouine, d'un Harang, il ne faut que les vuider, autant qu'il est possible, des intestins, de l'estomach, des poulmons, substituer à ces viscéres un paquet d'étoupes, & mettre les Animaux pêle-mêle dans un petit baril plein de tafia ou d'eau-de-vie. On peut seulement, à l'égard des Oiseaux, avoir la précaution de lier les ailes contre le corps avec du fil : il est encore mieux d'envelopper séparément chaque Oiseau dans un linge, après avoir bien rangé ses plumes, sur-tout celles du col ; il faut avoir grande attention que la liqueur ne s'écoule pas, car alors tout seroit perdu.

209. Pour ce qui est des œufs, tout le monde sçait qu'en faisant un petit trou à chaque bout, on peut, en secouant l'œuf & par la succion, en emporter tout l'intérieur ; alors la coque peut être envoyée sans risque dans une boëte avec du côton, de la filasse, de l'algue marine, du son ou d'autres matieres douces.

210. Il y a des nids d'Oiseaux qui méritent bien d'être envoyés, & ils le peuvent être sans beaucoup de précaution : il suffira de faire périr les insectes, en les mettant dans un four chaud , de les envelopper sur le champ dans de la toile, & de les arranger dans une caisse , de façon qu'ils ne soient point brisés.

SECTION TROISIEME.

Des Insectes.

211. LEs Insectes marins, fluviatils, volatils, reptils & autres, n'exigent que la seule précaution d'être mis dans le tafia ; mais il faut essayer qu'ils soient bien entiers , qu'ils aient toutes leurs pattes & leurs cornes ou antennes.

212. Nous exceptons seulement les Papillons qui perdroient beaucoup à être ainsi jettés dans une liqueur. Pour les conserver il faut mettre dans un four chaud un cahier de papier, & les Papillons qu'on aura auparavant bien étendus : quand le papier & les Papillons seront ainsi bien desséchés , on mettra les Papillons dans les feuilles du cahier , qu'on serrera dans une boëte qu'on

E

aura, si on veut, frottée de quelques aromates.

213. On ne preferit point l'espéce d'aro-
mate qu'on peut employer pour conferver les
peaux des animaux, ni les Papillons : les
plus communs font ceux qu'il faut choifir,
n'importe que leur odeur foit agréable ou
non ; pourvû qu'elle foit forte, cela fuffit.

SECTION QUATRIEME.

*Des Cruftacés , des Coquillages , des Madre-
pores & Coraux.*

214. LEs Cruftacés font des animaux
couverts d'une croute, comme les
Crabes, les Écreviffes ; nous leur joindrons
les Tortuës, quoiqu'elles ne foient pas vé-
ritablement de ce genre.

215. Quelques Cruftacés , comme les
petites Écreviffes , peuvent être envoyés en
entier ; il fuffit, pour les conferver , de les
bien deffécher au foleil ou au four : néan-
moins la plûpart du tems ils changent de
couleur ; la chaleur les fait rougir : ainfi
pour les envoyer tels qu'ils font naturelle-
ment, il faut les mettre dans le baril de tafia ou d'eau-de-vie. Quand on a fait infufer

quelque tems ces animaux dans le tafia
avant de les deſſécher , ils ſe conſervent
mieux.

216. Les Cruſtacés plus gros doivent être
vuides de leur chair ; ce qui ſe fait aiſément
pour les Crabes, les Hommarts, les Lan-
gouſtes, les Équinites, &c. mais le plus ſouvent on ſe contente d'envoyer le tais prin-
cipal , où une patte : il ſeroit beaucoup
mieux d'envoyer dans une petite boëte avec
du ſon ou de la ſciûre de bois bien ſéche ,
toutes les parties ſéparées les unes des autres, s'il eſt trop difficile d'envoyer l'animal
entier.

217. Il ſuffit d'envoyer le tais , la tête &
les pattes ou les nageoires des groſſes Tortuës ; mais celles qui ſont fort petites peuvent être envoyées entiéres dans le tafia.

218. Il y a pluſieurs animaux, comme les
Étoiles de mer , qui ſe conſervent aſſez bien
étant deſſéchés ; mais c'eſt une bonne précaution que de les faire tremper quelque
tems dans le tafia avant de les faire ſécher.

219. A l'égard des Coquillages , il n'en
faut envoyer aucun qui ait perdu ſon poli,
ſes couleurs naturelles , ou qui ſoit endom-
magé dans quelqu'une de ſes parties par la
piquûre des vers. Il ne faut s'écarter de cette
régle , que quand les Coquillages ſont d'u-
ne forme très-finguliére ou fort rare.

220. On envoie la plûpart des Coquillages vuides de leur poiſſon : en ce cas on
peut tirer le poiſſon ſans endommager la Co-
quille, en les jettant au ſortir de la mer dans
de l'eau bouillante. On fait cette remarque,
parce que les Coquilles les mieux condition-
nées ſont ordinairement celles qu'on pêche
avec leur poiſſon.

221. Il ſeroit avantageux, pour le progrès
de l'Hiſtoire naturelle, d'envoyer quelques
Coquilles avec leur poiſſon ; pour cela il les
faut mettre dans le tafia.

222. Pour ce qui eſt des Coquilles en
viſſes, ou turbinites, il faut bien prendre
garde ſi la bouche eſt bien entiére, & ſi la
pointe eſt bien conſervée.

223. A l'égard des Coquilles qui ſont
compoſées de deux parties qu'on nomme
les Bivalves, il faut eſſayer d'avoir le deſſus
& le deſſous ; & pour qu'elles ne ſe dépa-
reillent pas, on fera bien de lier enſemble
les deux Coquilles avec du fil.

224. La principale attention qu'exigent
les Coquilles, eſt qu'elles ſoient bien emballées dans du coton, de l'étoupe, de la
laine, &c. & de prendre toutes les précautions poſſibles pour qu'elles ne ſe briſent
pas dans le tranſport même par terre ; car
quand elles ſont rendues au port, on les
met aux Meſſageries pour les faire rendre à

leur deſtination, & ſouvent les Commiſſion-
naires ne déſont pas les caiſſes pour viſiter
ſi elles ſont bien emballées.

225. Les Madrepores qu'on a pris pour
des Plantes marines, & que pluſieurs con-
noiſſent ſous le nom de *Faux-Corail*, offrent
des variétés très-intéreſſantes pour les Na-
turaliſtes : il faut choiſir les maſſes les plus
entiéres & les mieux garnies de branches ;
il convient d'eſſayer, d'examiner leur forme, pour en envoyer de toutes les eſpéces,
& choiſir toujours celles qui ſont les plus entiéres.

226. La principale attention qu'il faut
avoir à cet égard eſt de les emballer, de façon qu'ils ne ſe briſent point en chemin.
Pour cela rien n'eſt mieux, ſi ce ſont de gros
morceaux, que de les aſſujettir dans la caiſſe
avec des traverſes de bois garnies d'étoupes, qu'on fait porter ſur les parties les plus
ſolides. Quelquefois on les aſſujettit avec
des ficelles qu'on fait paſſer par des trous
qui traverſent la caiſſe ; & quand les Madrepores ſont ainſi bien aſſujettis, on emplit la caiſſe avec du ſon, de la ſciûre de bois,
du coton, ou d'autres matiéres, ſuivant le
pays où l'on ſe trouve.

227. Je ne dis rien d'autres Plantes marines molles, qu'on nomme des *Litophites*
ou des *Algues*, parce qu'elles exigent beau-

coup moins de précaution. Celles qui font
très-délicates peuvent être deſſéchées dans
un vieux livre, & envoyées dans un cahier
comme les Papillons.

SECTION CINQUIEME.

*Des Cailloux, Pierres, Minéraux, Baumes,
Raiſines, Gommes, Bitumes.*

228. ON peut envoyer des Raiſines, des
Baumes & des Gommes, mais
on fera bien d'y joindre une deſcription des
arbres qui les produiſent, & de l'uſage
qu'on fait de ces matiéres dans le pays où
on les ramaſſe.

229. Si on envoie des Bitumes, du Char-
bon foſſile, du Jayet, il ſera bon de déſigner
le lieu où ces matiéres ſe trouvent, à quelle
profondeur en terre, quelle eſt la nature de
la terre des environs, &c.

230. Si on envoie quelques Cailloux; il
faut qu'ils aient quelque mérite par leur
couleur, leur dureté ou leur tranſparence.
A l'égard des Pierres on peut dire où elles
ſe trouvent, & quel uſage on en fait.

231. De même pour les Minéraux; il faut
marquer où eſt la mine; ſi on l'exploite,

[55]

quelle est sa situation, sa profondeur ; si elle
est abondante, &c.

232. A l'égard des Ouvrages des Naturels
du pays ; il faut dire comment ils les tra-
vaillent, les outils qu'ils emploient, comment & avec quelle matiére ils font leur
teinture, &c.

Mais sur-tout garder le silence sur tout ce
qu'on n'a pas bien vû, & ne jamais se fier au
rapport des autres.

www.ingramcontent.com/pod-product-compliance
Lightning Source LLC
Chambersburg PA
CBHW050540210326
41520CB00012B/2654